张稼文，1965 年 4 月 6 日生于滇西。出版有《阳光灿烂：60 年代生人的青春祭》（长篇小说）、《江边记》（长篇散文诗体小说）、《我是我从未遇到的人》（散文诗集）等。

那些小事情

张稼文 著

云南出版集团
云南人民出版社

图书在版编目（CIP）数据

那些小事情 / 张稼文著. -- 昆明：云南人民出版社, 2019.8
ISBN 978-7-222-18401-5

Ⅰ. ①那… Ⅱ. ①张… Ⅲ. ①人生哲学—通俗读物 Ⅳ. ①B821-49

中国版本图书馆CIP数据核字(2019)第115790号

责任编辑：苏映华　徐　霞
内页设计：李乐乐　熊小熊
封面设计：杨晓东
责任校对：刘　焰
责任印制：窦雪松

NAXIE XIAOSHIQING
那些小事情

张稼文　著

出　版　云南出版集团　云南人民出版社
发　行　云南人民出版社
社　址　昆明市环城西路609号
邮　编　650034
网　址　www.ynpph.com.cn
E-mail　ynrms@sina.com
开　本　787mm×1092mm　1/32
印　张　6.875
字　数　80千
版　次　2019年8月第1版　2022年8月第3次印刷
印　刷　郎翔印刷（天津）有限公司
书　号　ISBN 978-7-222-18401-5
定　价　39.80元

如需购买图书、反馈意见，请与我社联系
总编室：0871-64109126　发行部：0871-64108507　审校部：0871-64164626　印制部：0871-641915

云南人民出版社微信公众号

张稼文的散文诗（序）

方文竹

自己无意，上天却有意眷顾他，成就他，暗中向他输送源源不断的玉露琼浆。与众多的散文诗写作“自觉”者不同，张稼文“不知道怎样写散文诗”却写出了真正的散文诗。其中的文体启迪极具美学意味甚至暗藏着散文诗的全部密码，并对多年以来散文诗文体之争和当代散文诗的写作现场提供某种理论上的启发性和另类映照的价值。

与主流流行的“发现”散文诗不同，那只是一双普惠的眼睛，而张稼文则是“发明”散文诗，独特而迥异地挑战文体的边界，重新命名，刷新表达，提供新的元素，打破固有的观念，“散文诗原来还可以这样写”，你不得不如此感慨着，或许你真的有点《不习惯》呢！“发明”散文诗与“发现”散文诗的文本价值不可同日而语。有着不同的文本生产机制和方法、面相、肌理。众多的人都在“发现”，不客气地说，只是自我复制而已，而“发明”则另谋它途、自建体系，尤其对于散文诗这个文体之辨争论了几十年而今仍有疑虑之现象，“发明”无疑于盘古开天地之功，其要求之高、识见之远、功力之深，不是你所能想象得到的。

为什么说张稼文是“发明”散文诗呢？我曾论及过散文诗的“像”与“不像”，显然，看起来“不像”的散文诗最能够抵达散文诗的内核，实现了文体的内部律动，形式上则为散文诗正位。

生活本无意义，意义是诗人赋予的。张稼文的作品似乎大多信手拈来，不费气力，不怕“细”不怕“小”，在你日常常见又没有注意到的地方生发出火花惊悸的一闪，“太简单了！”或许这是你的第一感觉，但是，转而一想又有无穷的意味荡漾着、融化着、渗透着，尤其是将风马牛不相及的事物融合一起，“看似不相搭，它们却几乎紧挨在一起”（《两棵树》），极具解读的张力。语言干净，纯粹，质朴，清新，内蕴，化丑为美为媚，真的值得好好品味、咀嚼、深思。他的作品大多短章，少则几十字，多则几百字。引注，寓言，童话，对话，小速写，新闻报道，生活实录随记，道听途说，日常对话，甚至不妨捕风捉影，无中生有（这其实构成艺术家的特殊本领），大凡一切的一切皆可入诗，都能够勾起作者的灵机一动，理趣横生，长镜头、完整或整合生活的虚假性和无力感，至多只是碎片的拼贴，具有现代性的色彩。形式上也别具一格，似乎消除了文体的分界，同样吸取众文体之精粹，不愧为散文诗文体的极致状态并极具美学意义。可贵的是，张稼文的写作还合谋了传统与现代或先锋，或者说消除了传统与现代的分界，为当代散文诗的典范式写作。也可以说，以探索性写作成就了当代散文诗的光辉路向。

或许你怀疑张稼文作品的容量和分量，但是我认为，张稼文的“散打”“零打”“虚打”式写作积少成多，积小成大，当然这里的“积”并非是加法和乘法而是无限制地“链条”下去，接近永恒却永远抵达不了永恒。有人不无幽默而真理地说：一位诗人的一生其实写的只是一首诗。因此，不妨将张稼文的每一章作品看作整体的抽出。宇宙真理是一点一滴达到的。我还没有看到谁像张稼文这样对于当代生活观察、表现得如此全面、细致、深刻！在他的笔下，现实获得了重组、二度创造，但仍然是现实的投影，真实非真实完全融会了。

张稼文的写作做起来却不动声色，控制能力极强，以致达到宁静无声、炉火纯青之境界。这些作品无疑是中国散文诗一道独行的风景。作品突出的一点是（也是张稼文惯用的手法）：无关而有关。乐此不疲地玩着《近与远》的游戏，即将无关的事物嫁接一起，远距离地设置召唤、调动甚至挑战了阅读者的感受力和理解力，并使作品的意蕴增值。当然，现实梦境共为一体。张稼文的“现实”并非黏滞，而是实处空之，空处实之，灵气和心跳都让你触摸得到，如《一个梦》却极具现实性。

如果消除作品文体的分界而从共性观之，张稼文的写作优胜之处很明显：几乎都是现实生活，贴地气，化“高大上”为身体的气息，消解了作品的虚浮、空洞、无边而实现了有效的写作，为当代写作的功底实证。

目录

那些小事情

对　歌

她每天拾垃圾、扫马路，偶尔要收拾被碾成肉酱的流浪狗。她看起来二三十岁，个头不高，偏瘦，黑里透红的粗糙的面颊总显得有些脏。

劳作间歇，坐行道树下休息，她掏出手机对着它唱歌。

“吹糠不见米，抬头也不见你……”

她唱罢，手机里传出男声：“茶壶有嘴不说话，扁担无脚到处耍。”

……

我经常遇见这个来自宣威的乡下姑娘。经常悄立不远处听她跟人对山歌。

人生的欢快莫过如此：有歌想唱，能唱，而且还有人和你唱。

2019 年 4 月 9 日

在老年公寓

两个颤巍巍的老头在打架。甲揍翻乙，因用力过猛身子失控，他自己也随之仰摔在地。乙爬起，挥拳朝甲奔来。尚未挨近，乙一个趔趄自己又摔倒了。

同样颤巍巍赶来劝架的丙，同样在半途中自个儿摔倒。

这仨老都躺地不起，各自气喘吁吁。就这般相安无事，也挺好。

2019 年 4 月 2 日

有一回夜宿安宁温泉

所有窗户都朝着星星敞开。

天亮了，我费力翻身。身边没有别人。接着我惺忪揉眼，发现这间大屋子其实没有任何窗户。

2019 年 4 月 1 日

床　下

床下扫出一只大蜘蛛，又扫出好几只小蛾子。像一只只窃听器。不过都已经干瘪、轻飘飘——都死了，没有一个活口。

它们，都曾是想窥听我的梦话吗？

谁杀了它们？也就是说谁在暗中救我？

其实不需要的，我从不说梦话。或者说睡梦中我也是一个哑巴。

2019 年 3 月 30 日

有人描绘 AI 时代

工地上没有工人，田畴上没有农民，诗会上也没有诗人，等等。我觉得荒唐，却不想报警。

2019 年 3 月 27 日

我也有病?

不知从何处飘来煨中药的气味，显得异常酽烈与特别，严重破坏了空气，灼伤了我的嗅觉。我皱眉捂鼻，烦躁不宁。可是没过多久我开始习惯，继而还觉得闻起来很舒服，吸进喉咙之后肠胃里很滋润。

难道我也有病？这么一想，又觉得自己徒然被灼伤了自尊。

2019 年 1 月 21 日

就是这样

我悄悄攥起蝇拍，那厮却居然急速朝我飞来，安踞我手中的蝇拍上，这情形让我尴尬，接下来在我恼羞成怒摔砸蝇拍的一瞬间，它又倏然腾起，这回还干脆飞停在我的右额角。

我蓄足气力，一巴掌打晕了我自己。

2019 年 1 月 20 日

不认识的号码

手机响。不认识的号码。不想接。又响。还是这号码。再响。该是谁呢，要么我将错过一个亿？好吧，去摁绿键。对方已经挂断了。拨回去。“你拨打的号码不在服务区。”

又拨。对方关机了。

再拨。“你拨打的号码是空号。”

这是一个小例子，关于人生俗常的冗余度或什么的。

2019 年 1 月 14 日

一棵老树

老树上的那几片叶子一直在风中激烈地争吵。临近傍晚，它们先后脱离树枝，那样子那势态，像是因意见不合而执意四分五裂、分道扬镳、风流云散。

最终，它们都只是飘落下来，一起躺在马路上。保洁员走过来，将它们扫拢、撮起，倾进同一个垃圾箱。

从始至终，这棵精神矍铄的老树一声不吭。

2018 年 11 月 10 日

秋 夜

“你闻——”她说。扭头，见他正驻足摁电话。漫长的五六分钟之后，他挂掉，快步赶上：“你刚才说什么？”

这时她兜里手机响起。掏，接，放慢脚步、驻足。匆匆也是五六分钟过去，她挂掉，快步跟来，继续相傍而行。

“你闻——”他说。“桂花香！”接着两人异口同声。

月色溶溶，胜过黄昏。

2018 年 9 月

旧　梦

他梦见自己四处奔走，急切地想开办一个公共食堂，钱快花光，证照还是批不下来。

他醒了，但不是饿醒。

又入睡，又梦。食堂终于办好，他大喊开饭喽，却发现周围远近已经没有人。包括死人。

他完全醒过来，想起这是一个曾经做过多次的梦。

2018 年 6 月 2 日

两棵树

高个头的蓝花楹是半空中一大团丰盈的紫雾，并隐约透红；矮一些的刺桐，无比浓绿的叶荫间有序地吐绽出一列列鲜红的象牙。

看似不相搭，它们却几乎紧挨在一起。

2018 年 5 月 21 日

干巴菌

灰黑、微潮的珊瑚状煤块，不好看，但好吃，香，越嚼越香，妙不可言。恼火的是这美味下油锅前极不易拣、洗，因为它身子里面有许多松针和细泥沙。

好吧，我愿意是那每一块干巴菌中的最后一丝松针和最后一粒细泥沙。

2018 年 5 月 18 日

握　手

迎面有人喊他。有点面熟，却想不起。对方伸手过来。他接住，谨慎短暂地握了握，旋即放开。又寒暄几句。

他上楼，回屋。公司监控头瞅见他在水龙头下洗手。

2018 年 5 月 11 日

白　鹭

大观河上的白鹭，全都懒洋洋伫立水边或凫水上。可能天太热。

如果至少其中一只飞起来，在半空中扇着翅膀朝我招手，那我也一定会朝它招招手。

岸边，部队医院隔壁的那几幢烂尾楼热火朝天地复工了。

2018 年 5 月 10 日

雨后·立夏

“布谷、布谷、布谷——”一只布谷鸟在叫。高亢、昂扬、单调。

“咕、咕咕咕、咕咕——”两只或好几只或一群又一群斑鸠也在叫。低沉、轻柔、悦耳。

2018 年 5 月 5 日

如果你还在玩手机……

妇人带着孩子游玩到家门外不远处的茈碧湖边，母子俩坐歇下来，母亲让孩子自个儿绕在她脚边玩。她自己要玩玩手机。

“扑通”一声。遗憾，她没有听见。

过了一小阵，这位母亲抬头四顾，旋即又“扑通”一声。遗憾，我们没有听见。

孩子享年 2 岁。

妇人享年 28 岁。

茈碧湖又叫宁湖，是洱海源头，湖中夏日盛开的茈碧莲被认为是该植物仅有的野生原种。

这片深幽干净的水会变味、这些独特美丽的花会变种吗？我希望不会。

2018 年 4 月 17 日

嫪毐

“瞧，那太监在看脱衣舞。”

“错，是那假太监在看脱衣舞。”

2018 年 4 月 1 日

想起石川啄木

衣裳臭烘烘的。汗臭。脱掉，塞进洗衣机。皮囊也臭烘烘的。澡毕，换衣，隐觉这屋里还有些地方也是臭烘烘的，但一时半会儿搞不清具体是哪些地方。

在阳台上晾晒，见风大，又赶忙回屋找塑料夹子来把衣裳夹住，这时想起石川啄木那句："洗着很脏的手时的 / 轻微的满足 / 乃是今天所有的满足了。"

我也是。今天太阳好，除了打整自己，我不打算做其他事情。

2018 年 3 月

小时候

妈妈我肚子痛。

——嗯，是咋个痛法?

就是痛。

——怕是饿了?

也可能是吧，我分不清饿和痛——不对，它们不就是一回事情嘛!

2018 年 3 月 31 日

可能是风

耳根清净者不一定是聋子。可能是风。风没有耳朵。它不需要。

眼不见心不烦者不一定是瞎子。可能也是风。风也没有眼睛。它也不需要。

我也不需要。

2018 年 3 月 25 日

家乡宝

听讲你们云南人是家乡宝？

——当然啦。

云南哪里好？

——好在。

好在？

——活着好在，死掉也好在。

2018 年 3 月 16 日

春　旱

在水龙头下接满水桶，拎到园里来——我用瓢舀水，弯身，尽量轻巧地去洒和浇那些奄奄一息的菜秧和花苗。

瓢里的水随即作欢喜状地去洒去浇。

趁我扬臂拭汗，瓢里的水悄悄顺我手臂浇进我的胳肢窝，凉丝丝，痒酥酥。

咦，嗯，哟，它好像在故意讨我喜欢？

“我也是你的菜和花吗？”我问。

它不答。

“水，亲爱的！”我低声喊。

它不应。

2018 年 3 月 15 日

打水漂

那几个孩子经常在澜沧江边捡石头。专捡那种薄薄的小石片，用它打水漂，比谁的漂得快、摽得远——如果甚至能摽抵对岸，蹦到那几棵黄莲木的脚边，那将算是大获全胜，会被大家口授神摽手称号。

这天，他们中的一个捡到一块非常适合而且比较漂亮的石头片，那瞬间他踌躇满志胜券在握。可最终他输了。

他瞄准并冲刺的，是对岸那几棵树在水中的倒影——遗憾，记错了游戏规则。

要么他只是兀然改变了志趣，不情愿像原先那样子玩了。

2018 年 3 月 13 日

“我不想成为人类”

索菲亚长得不好看，嗓音也差，不过她说出来的话——表达的那意思——却不难听。反正不像我身边的一些人。

“我不想成为人类。”索菲亚还说。

2018 年 3 月 4 日

注：2017 年 10 月 26 日，“女性”机器人索菲亚被授予沙特公民身份，是地球上首获公民身份的机器人。

大玛瑙

花大、形美、色艳——滇山茶里这品种让人百看不厌。无论大理人如何揶揄“猪血溅豆腐”还是“豆腐拌猪血”，总之其“红白天然媚自生”——他觉得它们真好看！

傍晚，他见这花瓣上趴着一只土褐色、近厘米长的小虫子。不是蜜蜂，也不是蚊蝇，就是一只很丑的小甲壳虫——从树脚泥土里爬上来的，还是借南风空降而至？

更想晓得的是它趴在这花上干什么或想干什么？嗯，可能跟天天凑在这些花朵儿面前的他自己一样，都长得丑却想得美——可是这多好呀。

2018 年 2 月 27 日

AlphaGo 坦然认输

“这回我失败了。”AlphaGo 坦然认输，“不过这是缺陷，而非犯错。”

我完全明白它想表达的当然是它自己没有犯任何错，而是它身上带有先天 bug 或什么的。

“我需要进一步练习和测试。”AlphaGo 又说。

“是吗？”我不得不回应一下。

“还有，你们人类太可怕了，一边不断地要我迭代升级，一边你们自己更是在疯狂进化……”

我放下在手里攥了好半天的一枚白棋子，关掉电脑。怅然若失。

2018 年 2 月 23 日

慎

那一张一张、一叠一叠、一捆一捆的花花绿绿的纸，人人都喜欢。我也喜欢。只是，我总会不时地提醒自己：人人都喜欢的东西细菌多。

同理类推，人人都……

2018 年 2 月 12 日

功　夫

那只饥肠辘辘的黑猫在表演穿墙术——只惜功败垂成——结局是它被卡住了，让自己成了一扇黑洞洞的门框。

沙发上看电视的人笑笑，起身，伸手摸摸、敲打敲打身边前久新刷过乳胶漆的白墙，又略展马步，挥掌朝墙壁拍去……

因为想起这几十年来老在会场拍巴掌，他却不清楚自己这手上功夫练得咋样了。

2018 年 1 月 21 日

不着急

我奔出门，快步赶往数十米开外小区垃圾桶停放处。有人已捷足先登，一个脏兮兮的老头儿正一手攥住那蓝塑桶，另一手在桶里捣鼓翻寻。

他脚边已经有三只空空的矿泉水瓶和一只空空的大麦酒瓶。酒瓶是我前面扔来的，我同时扔掉的还有一些纸团和碎纸片——那里面可能有我年轻时写的一首小诗。

我停脚，点烟，静静地等，心头一点儿也不着急。我们要找的不是同一类东西。

2018 年 1 月 20 日

不要久坐不动

不要久坐不动，鸟雀会飞来，站你头上拉屎、唱歌，也不要突然起跑，邻家的狗或流浪狗、野狗之类的会来追你。

而它们均非因为爱你也并非因为恨你。与你无关。

2018 年 1 月 12 日

木芙蓉

水边的树亭亭玉立，树冠开满了花，大朵大朵、丰姿绰约。神奇的是同一枝头的花一朵红而另一朵白，一些红而另一些白。

每个枝头都这样。

树脚水池里有大群锦鲤在欢快游耍。每一条锦鲤身上穿的都是红白相间的花衣裳。

树上花，水中鱼，它们之间明摆着……

2017 年 9 月 28 日

喇叭花

篱栅上那瀑茂密的绿植，擎着几朵紫红的喇叭花。咦，瞧上去哪儿不对？难道是牵牛子家族育生了新品种？

那荷叶田田的原来是旱金莲——它可以爬这么高？——而那花确实是喇叭花。它蔓缠着旱金莲爬上来，然后让自己的苞蕾钻出头来开花。

只是，旱金莲自己为何不开？

金银花丛中也开着深紫蓝色的大喇叭花，而且它仿佛还在这般急切地喊：让我来开！你的气味会熏晕那些飞来飞去的蝴蝶的，让我来开！

而旁侧低处，则是白色的小喇叭花缠着棕叶狗尾草摇晃：让我来开！你的花穗子太难看了，让我来开！

这紫红、紫蓝、浅白的喇叭花，像一群可爱的患多动症的孩子。它们甚至绕在邻院的那根铁丝上：晾衣绳你不会开花吗？那么我帮你开！我帮你开！

两年前那场寒潮中遇难的缅桂，它枯槁的树干还木乃伊一般悬立空中。而眼下，那些可爱的孩子也正在这里行动：它们轻悄地旋攀而上，快到其光秃的顶部了，随后它们将大声说：缅桂缅桂莫伤悲，我们替你开也为你开！

2017 年 8 月 13 日

无花果熟了

无花果熟了，维吾尔老乡说它们是树上的糖包子。果然鸟欢雀叫，将红得发紫有的已经紫中透黑的糖包子一只只啄开，大快朵颐。

遗憾兼嫉妒，因为这棵糖包子树已经又长高了，而我腿脚不好，够不着这场饕餮盛宴，只好一个人在树下踟蹰，悻悻咽口水。

没多时，聒噪的鸟雀们纷纷飞走——吃饱了兼之天热要午睡？反正，这些嘴小屁眼也小的飞物终因肚量太小罢——那被放弃的高高低低的每一处枝头上，只剩着纷纷敞裸、开放的艳红果肉，灿然如花。

于是一树繁花。

刹那间我对这桑科榕属的无花果树敬仰有加：不

计较，放手，奉献，换一种方式或活法，属于自己的花照样盛开。

2017 年 7 月 29 日

下吧下吧

今日大暑，全天大雨，最高温摄氏 17 度。一个多月来持续降雨。马路变河流，窨井口变泉眼，昆明城变身高原威尼斯。

如果前天午夜零点幼儿园教师张春蕊不曾带着她那会跳街舞的 6 岁儿子陈昌硕骑电单车穿行牛街庄新村隧道，那么下吧下吧。

这季节，这世界，唯愿漂起来的能成为船筏，沉下去的变做鱼虾。

另，如果云南的每一座山，今年都多长点菌子……下吧下吧。

2017 年 7 月 22 日

蚂　蚁

生了青苔的人行道的方格地砖上，一只蚂蚁在搯一扇破残的花蝴蝶的翅膀。搯不动。它围着自己的猎物团团转。又来了一只蚂蚁。

它俩一起搯。还是搯不动。它俩围着猎物团团转。

我真不想袖手旁观，可我不知怎样才能让自己变成第三只蚂蚁，或者如何让它们相信我也是一只蚂蚁。

2017 年 7 月 16 日

近与远

“嚓——嚓——”两个脸庞黝黑、穿着制式绿马褂的中年男女，像是夫妻，在慢腾腾地修剪盘缠在铁栅栏上的叶子花。

栅栏那头，里面，几个肤色黑亮的年轻男女一边练网球，一边高声说笑。

挨我身边的这对中年男女也是一边干活一边轻声低语，依哩呜噜，听得清却听不懂——是彝话，要么哈尼话、民家语？

那几个年轻男女在那头说笑些什么？隔得有点远，我听不清楚。

2017 年 7 月 8 日

谕

把大地归还给青草，把天空归还给星星。朕要放羊，还要看星星。

然后，让这天和地做棺椁。

钦此。

2017 年 6 月 24 日

花时间

黄花槐又开花了。要么一直在开，只是这之前我没留意。只见那个塞着耳机的年轻人一边略略抖腿，一边凑近看花。

那花是香的，这我知道。沁脾的蜜香。哦，或许我该提醒他：小心呐，那花丛中蜂子多。

我转了一圈回来，瞟见小伙子还在，还塞着耳机，还守在那棵花旁边。“听歌比较花时间，看花也是。”我笑笑，心里这么想着。

“只是，难道他没有其他更重要一些的或者会被人催促着要赶紧去做的事情？”一转念我心里在问。

“没有。”我想象或者希望他这样回答。

2017 年 6 月 18 日

怪不得

苍蝇在太阳下飞翔，为的是伺机舐臭吮香；蚊蚋在夜里嗡嗡欢唱着给大家发红包，其实是想让自己的肚子变成一个鼓鼓的大红包。

怪不得，蜜蜂有时会拒绝飞翔，而大多时候我们听不到夜莺歌唱。

2017 年 6 月 10 日

你怕什么？

怕冷。冰块说。
怕热。栗炭说。

怕飞蛾扑火。火说。

怕一地鸡毛。鸡说。
怕鸡同鸭讲。鸭说。

怕狗多管闲事。老鼠说。
怕竹子成为濒危植物。大熊猫说。

怕打草惊蛇。棍子说。

怕短。木匠说。

怕长。铁匠说。

怕大海捞针。潜水员说。

怕有些人要大海捞针。水鬼说。

怕有人装神弄鬼。庙说。

怕恶鬼。鬼说。

怕邪神。神说。

——还有你，说说你怕什么？

2017 年 5 月 28 日

小故事

擦亮翅膀，鹰飞翔。

擦亮猎枪，猎手瞄准天空。

这时，一只蛐蜒——俗称草鞋虫——偶然地匆匆路过猎手赤裸的脚背。猎手惊悚地松手、扔枪、低头。

2017 年 5 月 21 日

撞衫

“你是我的小时候吧？”制泡酒的玻璃瓶里，红枣问枸杞。

“啥？”枸杞显得不高兴：“呸你这个大胖子，滚一边去！”

2017 年 5 月 20 日

那地方

那张皮没有脸。

那幢房没有窗。

那棵树没有根。

那块地没有土。

那片海没有水也没有盐，等等。

因为上述这些，对那地方我心中渐然有数。

2017 年 5 月 7 日

绿树生烟

绿树生烟，树是李子树。它每一根枝条上密密麻麻的果子都已孵成鹌鹑蛋一般大小的翠玉珠子，其中一枝稍稍压弯在我面前，不高不低，唾手可得。

我没有触碰这手边的任何一颗翠玉珠子，我只是将缠在树枝上的一绺又一绺来历不明的塑料袋的碎片轻轻扯下、扔掉。

跟人一样，这些果子的青涩季节也是多么美好，又充满危险。

2017 年 5 月 6 日

放　弃

来到门口的约车，开着车灯，正正地戗我的眼。我犹豫起来，因为这已经不是头一回。

大概只有那种老是行夜路的族类，才会来到这炽阳高照的大白天也开着灯，自己却浑然不觉。

“你可能搞错了。”我说。

“明明——”对方表示不解。

“那权当我错——”我说，“违约金多少？”

2017 年 4 月 23 日

捉迷藏

那只蜻蜓一直在栅篱低处吃力地盘旋，显得有些狼狈。是藤蔓相缠的金银花开得太多太酽，黏住了它的翅膀？

也难说附近某处还有另一只蜻蜓。它们在玩捉迷藏。

2017 年 4 月 23 日

喊　话

天花板旮旯有一张丝织状的灰褐色的网，一小团乌云，不动声色悬在我头上，仿佛随时会罩下来。

“哎，蜘蛛侠要么蜘蛛精，你们怎么神出鬼没地又来了！躲哪里？赶紧出来然后出去！总之别徒劳了，屋里这家伙又老又硬，你们网不住更啃不动。”

2017 年 4 月 15 日

肉眼难辨

数月里一直呈枯死状的葡萄藤，几个枝头上乍然冒出一簇簇鲜亮的新叶。我凑近摸了摸，又尽量温和地揪了揪——嗯，是真呢。

也注意到有一枝不见动静，也去摸、揪：清脆地“啪”一声，断了。

2017 年 4 月 2 日

诡趣的日常

“有会员卡吗？”“有，只是没带在身上，卡号和关联的手机号也记不住了。”

浪子说他有，也带在身上。（使用会员卡依例可获攒积分，而这回还可以领一件赠品：4公升的食用油。这东西我不需要，请浪子自己拎回去。）

“有医保卡吗？”“也有，不过也是没带身上。”

小姜说他有，也带在身上。（他用他的医保卡代我支付 496 元，旋即我用自己的微信钱包付还他 496 元。亦即他间接、安全地实现了从自己的医保卡套现。）

接下来，我需要尽快将购得的两盒疝气袋（成人型）寄往滇西，而斜对面就是邮局。

“请出示身份证！”“唉，没带在身上。”

宝木说他带了。

除了在一份纸质三联单上提供、填写收件地址和收件人，一切——至少表面上——都与我无关。

2017 年 3 月 24 日

蔓长春花

先右膝一个俯冲，接着半个身子侧摔下去……我差点摔成狗啃泥。被殃及的是一小片嫩泱泱的灰条菜，它们大都被扑倒，有的已经折断、殒命。

不应该是我的错。我膝头擦伤，我也是受害者。

一番简单的侦勘，这桩案子迅速告破：原来，蔓长春花的藤梢这一头，不知从何时起悄然伏地生根，这样，神不知鬼不觉地设下了一个绊脚套。

鲜翠、曼妙的花藤儿，你为何生此念、行此事？为何要构陷我？也罢，到此为止。

我不会相信“其实还另有真凶，这事情的背后还隐藏有玄机”之类的说法。

花草树木的世界，至多只是单纯地充满着各种怪异与奥妙而已。

2017 年 3 月 19 日

合 影

那穿白裙、背双肩包的小姑娘（应该是刚入学的大学生吧），一个人蹦蹦跳跳、走走停停。那样子，像一只蝴蝶忽而翩翩展翅，忽而又收翅静立。

只见她将手机镜头对朝鸥鸟翻飞、波光粼粼的滇池，然后又转过身子将镜头对准她自己，过小一阵子她又将手机对朝水那边的睡美人山，然后再转身将镜头对准自己。

我瞧明白了，每捕捉到一个目标，小蝴蝶一律两个动作：咔嚓一张她选中的风景之后，务必要再咔嚓一张那风景中的她自己——合个影。

自己玩、自己看、自己找，遇上喜欢的风景，简单干脆地咔嚓两声——这样挺好！

2017 年 3 月 5 日

开春风大

“哐当、哐当——”，门被推开复被关上，又推开又关上，如此反复，乐此不疲。那粗野的声音仿佛有谁踹门而入，又像有谁摔门而去或被赶出家门。

任由门口“哐当、哐当——”，屋里独自枯坐的人却充耳不闻，不理睬。难道还有其他什么地方才更是春风百里、多车追尾、兵荒马乱？

灶台上汤烧干了，铁锅通红。地上到处是灰。

2017 年 3 月 4 日

仰首看月

西边的晚霞映红了东边，丁酉年正月十七的月亮在浅绯色的薄云中升起，略显苍白，像一片刚刚过期的药。

那一直在仰首看月的人，猛然转身弯腰，打了一个凶狠的喷嚏。

2017 年 2 月 13 日

开春宴

路过万达大道北段，忽觉空气、天光有啥不同?喔，年前遇过的那一排光秃秃的玉兰树转眼醒来，纷纷擎起酽红的酒杯。

我灌篮般跃起，够不着。又跃起，还是够不着。唉，要是姚明在旁边就好了。

料峭春寒，我也想要一杯。我的血液需要。

2017 年 2 月 2 日

晾腌肉

费力拴起几天前腌渍的土猪肉——差点忘了——晾到这阳台上来。一架银灰色客机从视线里掠过、在滇池上空缓缓爬升——别人的诗和远方。花椒粉好像撒得不够？

再抬头，它不见了，在高远处隐去、消失。

我也该出趟门，去不远处的农贸市场打几斤酒。腌肉、酒，美味之物；晾腌肉、打酒，美好之事——难道不是？

2017 年 1 月 14 日

冬樱花

空气中有一种低沉而又浩荡的嗡鸣声。是蜂虫在高高花丛中成群起舞，像沸腾的沙，像旋转的引擎。

是冬樱花在屋顶盛放，一大团粉红的火焰朝天空喷涌——嗯，腊月里的热气球，你想带着我的房子还有我高飞远走吗？

（要去哪里，会去奔谁？）

不，我哪都不想去。我要留守这里，迎接预告中的暴风雪。

2017 年 1 月 8 日

元　旦

似有东西擦肩而过？我扭头，却没看见什么；伫足细听，也没有听到什么。空气不冷不热，天空蓝得似是而非。

然而确定的，有某种看不见、听不明或无法言说的事或物，刚刚与我擦肩而过。

返身去尾随、追、找？不，才不呢——我肚饿。每年每天都只能往前。至少早点铺在前面。

2017 年 1 月 1 日

因为它存在

无论多远多久，我们不断地朝它走过去。

不断地经历各种弯路、歧途、迷宫，我们依然在不断地朝它走过去，接近它。

它存在，虽然非常稀少而且行迹不定也变化无常。

正因为它存在，我们每个人的一生，无论漫长或短暂，都才不至于寡淡无趣。

2016 年 12 月 18 日

流浪狗

手头若带着吃的，给它一点。若还可以忍受它身上的气味，那么也轻轻抚摸它，但不要触着它的痛处。

也不要让它嗅见你自己未愈的伤疤。

2016 年 12 月 18 日

目中无人

我在园里看花，还想给它拍照。这花却不看我，老是低头扭朝另一边。我围着它转。我以为它害羞。

原来不是。这每一朵花，都只是在呆呆凝望自己对面枝条上的另一朵花。

2016 年 12 月 10 日

夜 雨

一夜的雨声变幻无穷：哗哗，如大河；轰轰，如长瀑；嘀嗒，如床头的钟。歇一小阵又从头再来：哗哗、轰轰、嘀嗒。

我摸索着下床，找出一片药，胡乱吞下。

天亮了，窗外朝阳冉冉，仿佛什么事也不曾发生。

2016 年 12 月 4 日

墙

墙上已经斑驳、残缺、风化的方块字、字母、数字、图画，以及更多非常简单潦草的点、线和圈，有些是我涂写的。有些不是。

所有的它们曾经彼此反复地冲突与和解……只是年代久远，它们均模糊黯淡，我记不起也辨不出哪些是我涂写的，而哪些不是。

而墙的背面，那边，仍是外面的世界吗——抑或不是，而是更里面？

2016 年 12 月 3 日

肃然起敬

栖身大桥下，那只有一条腿的拾荒者用盘龙江水洗漱完毕之后开始掐自己的大腿，狠狠地反复地掐——哦，不是掐，是挤。

死命地他要挤掉腿上的一个脓包。

我肃然起敬。看似卑微、可怜的人照样可以力所能及地做正当、有益的事情，也照样可以希望自己活得清醒和干净。

2016 年 11 月 20 日

不是寓言

瞧着机器人在制造机器，他也想尽点力，却搭不上手。无所事事。他索性为自己倒上一杯酒，然后躺椅子里读诗。

“明月松间照，清泉石上流。”咕噜——，那热辣辣的水浇进他的胃。

他坐起身，又来到不远处的篱笆旁边，够着头去嗅那还在盛开的黄槐。一只蜂虫惊飞而起。

他心满意足。

与此同时，他略微担心那些机器人会不会凑过来对他说：先生，我们也可以替你喝酒和读诗的，当然，还可以陪你一道赏花。

2016 年 11 月 13 日

有东西在闪

有东西在闪。在脑际：它似粲然一笑，那么清晰、生动、美好，然后退隐而去。

那是一簇春花，还是一片秋叶？是一颗夜星，还是一抹晨霞？或是其他的什么。当终于可以歇下手头的活计，我一边喝茶一边回想。

越想，却越发想不起它的模样。其间我也眯闭双眼去追，没追着；也屏住呼吸去寻，寻不见。

是的已经回想不起，也追寻不到——那似粲然一笑的清晰、生动、美好的模样在脑海里不复重现。

这就是没被抓住的诗人的灵感吗？

无论如何，让我继续沉浸在这回想或者说思念之中，直待那门外夕阳西下，薄暮冥冥。

2016 年 11 月 13 日

一颗钉子

一颗钉子咬开我脚掌心的厚趼，钻进来——它是因为冷吗？若是这样，它将温暖、安适地融进我的血和肉里。

若不是，那我会将它拔出来（顺手的话，递给那些收捡破铜烂铁的师傅们），然后自己去打一针破伤风。

2016 年 11 月 1 日

笑　话

他们在看笑话，但他们都不笑。不敢笑。憋着。憋疼了也忍着。也不哭。因为也不敢。

他们只是悄悄用眼神交换看法，偶尔也谨慎地彼此咬咬耳朵。

那个笑话感到寂寞，于是就自己哈哈大笑。

2016 年 10 月 30 日

傍　晚

回到悬崖边的树巢上，收起翅膀，鹰还是鹰。

换身衣服换个地方，支起货摊，城管变身小贩。

2016 年 10 月 15 日

仅仅在那里

他们太好玩了。模仿蚕儿吃桑叶，我的睦邻们纷纷将公共绿地轻松圈进自家院子，又一夜之间把篱栅扎得又高又严实，接下来便热火朝天地在里面种菜、养鸡，也其乐融融地开烧烤party，或打麻将。

唉，我可不想这样。我甚至还巴不得推倒自己身边所有以纳米单位计算的篱栅和围墙呢。

只是，我自己从此得小心翼翼地停车，然后别扭着身子，步态狼狈地窜进家门。

接下来我的睦邻们又模仿耗儿筑窝。只见他们纷纷哼着欢快的小曲，开始密封自家的阳台，让其成为一爿挨一爿的狭长如棺椁的房间，然后继续在上面架梁叠屋（弄成悬棺似的），甚至又攀上屋顶——还是架梁叠屋，最后照例也安上防盗铁笼。

唉，我可不会将自己囚在任何一种笼子里，尤其是那种自筑的笼子——何况更不想早早就躺在棺材里做梦。

只是，我自己从此瞧不见窗外那不远处的睡美人山了，更也瞧不见她身边的那片水了……

我闭眼，逆向，尽力朝往自己身体里面的某处看，并确认：是的，在那里，还是那样——

没有谁也没有任何东西可以挡住我的阳光，也没有任何一道篱栅能让我成为囚徒。

仅仅在那里。也够了。

2016 年 10 月 7 日

秋风起

桉树初叶时无柄、对生，近乎心圆形，嫩、萌，及至长大、成熟，变成细长的弯镰形，俨然一把把妖娆的腰刀，锋芒毕露地绿，咄咄逼人地香。

转眼秋分时节，我在滇池北岸的桉树林下游逛，见有衰老、干褐的桉树叶在坠落，落水上，也落我脚前。秋风起，开始收缴这类刀具。

长昼将逝，夜渐长，梦也会多，只是我不喜欢做梦，无论旧梦新梦，无论好梦坏梦。它们都会影响我的睡眠。

2016 年 9 月 24 日

炖　粥

刚刚过去的夏天的所有双休日的窗外，石竹花开，无花果结果，天竺桂死而复生。

屋内，灶台上洗净、发泡后的红豆和薏苡米一次次被倾进瓦掌，炆火慢炖。

每回都要等很久。可以等很久，甚至天黑、夜深。

粥后一觉，醒来，又周一，出门，继续与满大街的喧扰作斗争。

2016 年 9 月 3 日

致

年纪尚轻，为啥脑壳里已垒满那些滇西山上的铁核桃，肚子里已搁沉着一大只黑海深处的黑匣子……

砸吗？我去借郎平教练的榔头给你！

捞吗？我去租蛟龙号潜水器来帮你！

2016 年 8 月 27 日

某些东西

时或会撞见某些东西，譬如那最深处的黑暗或深渊，譬如那其中的火、火焰，或水、波涛……

今晨 6 点我又从睡梦中惊醒。

在那梦中，似乎就差一点点，那些东西几乎就要被我抓住了——最终我的身体又挡住了我。

2016 年 7 月 31 日

不习惯

不习惯一大早就有人在小米运动里给我点赞。因为我还躺在床上。

不习惯出门一抬腿就撞着蓝挡板，也不习惯一扬头便瞧见摄像头。

不习惯经常有陌生电话问我买不买房，也不习惯某传媒大学频发邮件邀我参加高级研修班。

不习惯快递哥骑着电驴玩手机，也不习惯保洁大妈一边用火钳拾烟头一边随地吐痰。

不习惯公司食堂的饭菜太咸，也不习惯办公室的网速太慢。

不习惯女同事穿着不漂亮，也不习惯男同事一个个西装革履楚楚衣冠。

不习惯天天开会，也不习惯数月无会。

不习惯领导来了不讲话，又怕他一直在讲话。

开完会不习惯喝茅台，包括装在矿泉水瓶里的茅台。只习惯小超市里那种8元一瓶的鹤庆干。

不习惯书柜有灰尘，也不习惯笔筒里生霉斑。

不习惯与左邻横眉冷对，也不习惯跟右舍眼去眉来。

不习惯那些拖着一尾长刷的喜鹊到处刷标语，也不习惯那些成群结队、行为复杂的乌鸦随时用嘶哑的声音贴标签。

不习惯天空不是蓝的，也不习惯所谓绿水青山只是用油漆涂在墙上。

不习惯某些黑洞洞的老宅，也不习惯某些东西至今阴魂不散……

是的，不习惯如此多的诡悖无趣的事或物那么容易为人们所习惯——是的，不习惯你们都不惊不讶、安之若素。

不习惯。

2016 年 7 月 30 日

“又不会怀孕……”

“扫一扫，领 5 块钱（的）优惠券。”几个妹子在街口吆喝。她们袒胸露背，喉咙下面的皮肤上都印着一小方二维码。我不扫。

“大爹扫扫我嘛！”

“不扫。”

“又不会怀孕……”

我有点不好意思，便低头去寻自己的双膝，又去找自己的脚，然后快步离开。

2016 年 7 月 30 日

雨　点

走出理发店，啪啪啪，雨点砸在我崭新的光头上，那么狠，那么响，感觉砸出了一个个小坑——老天呐，你难道要我在那些小坑里养蝌蚪？

如果可以，我倒乐意在那些小坑里播小麦或点豆子，瞧瞧会不会发芽，若有饥饿的雀鸦扑来，也由它们啄。

要么，最好有谁能帮我在那些小坑里埋几块芯片、电池和路由器之类的，那样的话我就可以让自己的脑壳腾挪出来，闲歇下来——给它放假，让它退休，任由它去发呆或冥想，闲游或浪荡。

2016 年 7 月 23 日

众筹一朵花

众筹一朵花，结果筹来一枝塑料花；众筹一棵树，竖起来的是一根电线杆……

这情形让人叹气，却并不能令我气馁，我继续一轮接一轮发起新的众筹——

众筹一个私人海滩，然后向公众开放，众筹一个干净一点的天空，向所有的外星人开放。

然后考虑众筹一个别样的能够更美好一点儿的宇宙，至少可以向我们每个人的内心或灵魂开放——在那里，我们可坐可躺，可生可灭，又再生或不想再生。

2016 年 7 月 13 日

玫瑰李熟透了

玫瑰李熟透了。风吹，雨打，鸟啄，虫咬，果子摔了一地。好可惜呀！它们像朵朵口红，散出一阵阵蜜香。

“还没空闲采摘呢，你们却几乎自己掉光了。”我惋叹，接着注意到这原先每一条沉甸甸低垂着的疲惫的树枝，都已经重新直起腰、扬起头，并欢快地朝上升。

2016 年 7 月 3 日

冲进卫生间

闻见一股脚气，不是我自己的。它呛地熏天。

开完会回来，我还是首先冲进卫生间洗自己的脚。怕被传染。虽然鼻炎也发作了。

那股炽烈的气味属于生理性的还是病理性的？这我不懂，我只能做自己能够做的。

2016 年 7 月 2 日

郊　野

“来到了郊外 / 不知怎的，/ 好像是给初恋的人上坟似的。”（石川啄木）

我也想到城外走走，去看看郊野。一早出门，或徒步，或搭公交，或坐地铁，可直至日头偏西，我还在各种站口不断地换乘。

为什么走不出去，或者说郊野有那么远吗？

唯一的答案，跟乡音和方言一样，也跟心底初恋的颜色一样，郊野这种东西也已经消失——去哪里上坟呢？

2016 年 6 月 25 日

因为我带着伞

天空弓着背，脸色阴沉、发黑，得了肝病似的。这老国王在焦虑或忧愁什么呢——太阳不见了踪影，月亮也图谋着率星星们私奔？

一整天，黑云压城。

而这一整天我都独自在大街上东游西逛，渴了喝木瓜水，饿了吃小锅米线。也注意观察那些来往行人中如天色般忧虑的美妇，也留意到那些瘫坐地上、唱着歌、身边放着一个讨钱币的纸盒的形态丑陋的快乐的人。

“能活着——这就行了。”我额头左上方的电线杆上，只听得数只鸟雀在开会、争吵。它们均翘起尾羽，仿佛在出恭，也像是在充电，或者一边出恭一边充电。

“不，该怎样活着？！——这才是要紧的。”它们吵个没完。

我欣然暗笑：“关于这议题我不需要充电——该怎样活着这事情，已经不会让我心烦意乱。”我悄悄走开。

天没有下雨，因为我带着伞。

2016 年 6 月 18 日

有些事情

打开一只箱子，发现里面装着的还是一只箱子，小一些。再打开，里面继续是一只箱子，更小一些。

我收手。我明白这样下去有些事情将不可穷尽，要么不可收拾。

2016 年 6 月 14 日

小　白

“你的衣裳真白，一定是你妈妈亲手帮你洗的。”

“汪——”

“还有，能叫你小白吗？”

“汪汪——”

小白急匆匆地来到那棵滇朴的脚下，蹶起一只后腿为大树浇水，接着又跑往草坪，弓着腰为小草们施肥。

然后它蹦蹦跳跳地去追一只蝴蝶，追不着，又去逗一只竹节虫，过一阵又转着圈儿去嗅一朵蒲公英——那团亮晶晶的绒球，小白觉得跟自己的衣裳一样白，可又哪儿显得不一样……

小白不跟其他那些拴着皮绳、被人牵着的小狗玩。

2016 年 5 月 22 日

嘀　咕

“叮——”手机朝我喊了一声，紧接着屏眉跳出一行字：“你收到一个现金红包，请点击领取！”

我不吱声，更不动手，假装自己不在。

为啥收到的不是一封信呢！

一封长长的信（我是唯一的收信人），让我在这个下午慢慢抹屏，然后回味到黄昏。

2016 年 5 月 15 日

手　机

它成天黏着我。攥紧我的手指，从早到晚，到夜里，几乎一刻不离。像小孩儿，不过也更像情人。

“去，自己去充充电！”我说。

“关机，睡了！”我命令它。

我有点烦，却也渐渐习惯。甚而，它不在身边的时候我吃饭没胃口、穿衣扣错纽扣、走不稳路、回家走错门、大半夜还在失眠……

不知不觉，它成了我身上的一个器官，要么是我自己成了它的一个配件？

不过，无论如何，无论这事情关乎油盐柴米还是喜怒哀乐，我想我能够处理好我跟它的关系，就像跟一朵花、一棵树、一串鸟鸣、一条毛巾那样。

2016 年 5 月 7 日

不是因为哭

“又圆又胖，还裹这么紧！”我嬉笑着扒洋葱的衣裳。它红着脸，身子里面却是白生生的。扒着扒着我自己眼泪流下来，只得放手，可还是止不住涕泪涟涟。

有时候狼狈不堪地流泪，不是因为哭。

2016 年 3 月 12 日

鼻炎犯

厨房油烟，电视机上的积尘，窗外来路不明的花粉或鸟粪？总之鼻炎重度发作，却又辨不出过敏源。

也难说是那遥远大海上塞壬走调的歌声，或者头顶夜空中患乳腺炎的月亮？

拼命擤，很费纸。这时候他觉得自己变成了一头大象，至少像一头大象，一头异常狼狈、烦躁、猥琐、可怜的大象……

惹祸了！西双版纳那边，大象们连夜踱步景洪街头，齐声喊：“哪位先生太太行行好，去让昆明城里那位犯鼻炎的先生立即停止……并公开道歉！”

2016 年 3 月 6 日

番茄喜欢炒鸡蛋

“你又想去勾引那些水里的小鱼儿？”

蚯蚓赶紧缩回身子，钻回花盆泥土里。

“你就喜欢那平底锅里的炒鸡蛋？”

番茄顿时涨红了脸，滚藏进灶台角落里。

“儿童们在虚无中找到一切，而大人们为何在一切中都只找到虚无？”*

我戛然收脚，放回公文包，关门，转身，琢磨着是否在另一扇墙上重开一道门。

2016 年 2 月 28 日

* 此意来自莱奥帕尔迪（意大利）的《道德小品》。

元宵节谑语

月亮，我们头顶上最透明的窟窿，可为何我看不见：什么会被它悄悄吸进去，或什么东西会从中掉下来?

要么，它是某种异灵的出入口……

要么它其实也是一枚汤圆，跟我碗里的一样——那么问题来了：谁端着盛月亮的碗呢?

2016 年 2 月 22 日

上床之前

那群木偶先是挤眉溜眼，接着又齐刷刷搔首弄姿。我关掉电视，又关灯。还是一夜没睡好。

“您可以换一种夜生活的方式嘛！”听到我遭遇的梦魇苦恼之后，一位年轻朋友表示感慨、同情。

“我说的是上床之前。”对方补充道。

2016 年 2 月 8 日

定情物

拱桥，诱惑我的是它的影子，而不是它。

天晴、水清、无风、有倒影的时候，拱桥会变成一枚戒指，然后只见细细长长的大观河略略含羞地伸进来……

“纤纤玉指，这是谁给你的定情物——大观楼，要么五百里滇池？”

它不吭声，仿佛一个哑女。它静静朝前。

我觉得无聊，决定也将自己的心情变成一枚戒指——糟糕，恼火，没变好，变成了一枚硬币。

我是一分钱，躺在马路边，有人弯下腰，轻悄把我捡——他是一个交通协管员，那么老，还那么瘦……

是的，拱桥，诱惑我的是它的倒影。而不是它。

2016 年 1 月 17 日

一片叶子

一片叶子飘落门前。

“你想要进来吗？”我心里在问，但我手中的扫帚轻轻一扬，将它扫下了台阶。

那是一片冬樱树的秋叶。那色彩，那光芒，多好看呀，像我曾经有过的某个梦一样。

2016 年 1 月 16 日

不是风

一阵风进来，一屁股坐我沙发上。见我不理它，起身又出去了。

午休时，想在沙发上靠靠。这时，我瞧见脚前地砖上躺着一根细长、弯曲的头发。心里不快，厌恶着，俯身去抓。

抓不起来。去捡，也捡不起来。终于，手指用隐隐的窸窣声提醒我：搞错了。它其实是一条细如发丝的蜿蜒的裂缝。

可这裂缝因何而来，朝后又会有什么事情可能因它而起？

2016 年 1 月 10 日

我想让自己变小一些

我想让自己变小一些，譬如像一只松鼠，当然也可以是一只谷雀。

也可以更小，譬如变成一只七星瓢虫。

或一小小玩具，任何一种玩具：铁环、玻璃珠、橡皮筋、弹弓、囚蛐蛐的小篾笼，要么是一只打猪草的背篓，要么是一册连环画。

我想让自己变小一些，缩回去，跟童年一样大小、一般模样。

如果变不成那松鼠、谷雀、七星瓢虫，那么可否让我变成一枚松球，或一颗谷子或米粒，或一粒蚜虫？

让松鼠去追逐松球，让谷雀去啄食谷子或米粒，让七星瓢虫去吞下那蚜虫。

我眼里浮现出那些童年里的欢乐和忧伤。

是的，变小一些，我的四肢、头发、眼睛、耳鼻和嘴巴，还有我的呼吸、言辞、欢笑、沉默，你们都变小一些吧，这样难说我就可以跟自己内心里的某处，或这世界某个安静、清澈、温暖的地方挨得近些？！

总之我希望自己变小一些，这样，城市是否就可以少一些些拥挤，大地上是否就可以多攒出一小点点空间？

2015 年 6 月 1 日

世界那么大

我在门口打整花盆、修剪灯笼花和玫瑰，双手沾泥。忽听得一只或两只鸽子在头顶上方高空中咕咕叫，似乎是在说：世界那么大，你不想去看看？

何方派来的信使甚或钦差？我不搭理，继续安静地埋头忙碌，如同灰姑娘在炉灰里捡豌豆。

可是，咕咕，咕咕，那声音深水炸弹般不断地落下，那口气骄傲得像一只或两只受精卵。我只得起身，摔花剪，洗手，回屋泡茶。

茶壶也咕嘟咕嘟。“世界那么大——”我说，“你不想去看看？”差点一甩手将它抛出窗外。

“咕嘟——”，茶壶又轻哼一声。

2015 年 5 月 2 日

蜗　牛

在阳台上遇见我的邻居，两只蜗牛，一大一小，大的在南，小的在北。它们都伸出妖娆的触角，各自在赶路。

大的比蚕豆小些，小的比一粒绿豆大，它们是一家子吧！那么大的是父母，小的是孩子。那么彼此失散的二者是在相互寻找吧？我目测它们之间至少相距两千毫米，路途遥遥，牛年马月——何况它们彼此南辕北辙。

我捡起两片叶子，小心地撮起小蜗牛——它吓得藏进自己的壳中。“呼——”它是否感到自己在扶摇腾飞，是否有梦幻感——我一个转身，瞬间将其运到大蜗牛身边。

大蜗牛似乎也吓了一跳，也赶紧将触角缩回螺壳。两颗黄褐色的扁豆，挨一起，一动不动。

蜗牛也有天伦之乐吗？我蹲得脚酸，干脆双掌贴地，让自己的身子匍匐下来。蜗牛王国的社会组织以及个体与个体之间的关系复杂吗？谋生难不难，活得累不累？

还有，蜗牛吃蜗牛肉吗？就像有些人会吃人。

有些迷糊的我，猛然瞧见大的那只蜗牛又伸出触角，并且正逼近我，快触到了我的鼻头。可能是我挡了它的道。我发呆得过久，费尽了它的耐心。

我看见了它的双眼。我腾身而起，避开。挥着妖娆的触角，大蜗牛继续往前。身后划出一道湿滑、晶亮的线。

那只小蜗牛也动了动，却没有跟随大蜗牛。它原地踯躅，显得犹豫和茫然。

这两只蜗牛不是一家子？哦，我可能搞错了，它们彼此并不认识。或许，北边的小蜗牛只是在自家门口玩耍，南边的大蜗牛则是在亡命天涯？——不，奋力跋涉、行色匆匆的它，更像是肩负着蜗牛王国的某种秘密使命……

假如我自己被缩小成跟蜗牛同样尺寸……无论是那大蜗牛还是那小蜗牛，我相信它们都不会在乎我的，就像乌龟不会在乎那个名叫阿喀琉斯的家伙。

2015 年 4 月 26 日

花剪生锈

花剪生锈、发红、变钝。玫瑰惨叫，花瓣纷纷跳水逃生，少量的随风遁走。

唯有一瓣，它几乎垂直地跌落在水泥地面，但立即弹起来，旋转，再弹起来再旋转，像红色女战士在跳芭蕾。

2015 年 4 月 20 日

我的孤独不是一座花园

在近华浦路口的公交车牌后面的“好当家”快餐店，一份宣威小炒肉盖饭，要么干巴菌或牛肝菌炒饭，有时外加一碗豆腐圆子汤。一直，这是我的午饭。

但我好久没来。于是它关门了。

在书林街儿童医院斜对面的“好又来”玩具兼杂货铺，我买过那种长椭圆形的氢气球，也买过十字起梅花起，还有线手套和防水手套。

但我好久没来。于是它改旗易帜，门匾换成卖其他套套的“成人用品”了。

我也很久没去凤凰山看流星雨或红月亮之类的了——那凤凰山还在吗？

算了，我的孤独不是一座花园，也不像。也不是一朵花，也不像。

2015 年 4 月 14 日

心疼得慌

滇池边风大、浪急。防浪堤上朽败的小圆木栈道的内侧，一片挨一片开着白花的紫茎泽兰在腥风中淫荡地翻卷。

离它不远，视域里全是萌萌胖胖的黄色挖掘机手舞足蹈像一只只大闸蟹，而那同样尿黄色的大吊车一架架耸入云天。

起身，拍拍屁股。我来渔村看风景，却心疼得慌。

2015 年 4 月 6 日

大鸟

噗——，前面，有东西惊飞而起。它背对着我。一小条，银灰色。它在空气中悬了一下，然后斜刺而上，升空。

那一瞬间我感到不安。我本能地调适自己腰胯部位的那根安全带（有吗？），同时显出一副颇不情愿的样子（身边有那在不停地催促的航空小姐吗？）。

不是飞机，也不是松鼠。是一只大鸟。我松了一口气。而它并没有高飞远走，它只是停在一棵大桉树更高处的枝头，接着“恰——恰——”地开始叫唤。

是在报警还是唱歌？

还有，刚才它并没有张开双翅啊——它是如何飞起、上升的？靠意念还是幻想？或仅仅自然而然便可以凭风而上。

“恰——恰——”我小声地学它。我忽然觉得它是从我身体里逃出的事或物。

2015年3月22日

霾

天空没有升起，世界乱成一团。

“喂，你在哪里？”呼吸在寻找肺。

“我在树上。你在哪里？”

“我无法确定我在哪里。”

“好吧，我就在树上等你。”

“瞧不见——树在哪里？”

“应该不近，但也不会太远——戴好口罩，不怕，不急，等它散开。”

“可是——你会一直在那里吗？”

2015 年 3 月 22 日

一个梦

好像是在海埂。有一片蓝色的水。她的身体一次次劈开波浪。是的，她一次次从那排老桉树上鱼跃而下。

我咬咬牙，也抱着树干往上爬，然后闭上眼睛——往下跳。

下面没水。一转眼，五百里滇池居然干了，不存在了。

也好，我也不会游泳。

2015 年 3 月 11 日

那个早晨

那个早晨树吊死在树上，蜘蛛的琴弦被撕扯得变了形，电磁波吓得弓身一缩，扭头逃回发射台。

树上的鸟儿还没醒，依然睡得很香。我也是。

风呜呜呼救，拍打我的窗。惺忪懵懂之中我听不明白它在嚷些什么。我蹑屐而出，来到街头。风还在嚷。

鸟巢儿摔下来，摊在路边。鸟儿飞起。

树和树都掉光了叶子，相缠的枝柯在风中抖颤，摇摇欲坠，似溃败的波浪。

然后，另一棵树也死了。

好了，我要想点别的事情。

2015 年 3 月 4 日

翠　湖

浅浅的水，翠湖愈发瘦了。用铁管子接来的自来水。这浅水之下的淤泥里蹲藏着一只青蛙。它哑默。它似在沉睡。它在春天冬眠。

让它留在这里，让它睡，我想走了。

让它睡成泥，睡成石头，睡成翡翠，睡成炭或石油。或睡成幽灵，或睡成睡的本身——就这样，我要走了，留下这颗哑默的心。

不过我不会离得太远：怕有啥意外，我们彼此会措手不及。

2014 年 4 月 27 日

我要一碗面条

我要一碗面条，他们扛来一袋面粉；我要一杯牛奶，他们牵来一头奶牛。

我想喝不会醉的酒，他们把白水灌满了酒瓶。

我要一根火柴，他们递来一个火机。可我只要一根火柴，任意一根，随便一根。我耳朵痒，要掏掏。

我要一把钥匙，他们撬开了所有的门；我要一把伞，他们把街道全部加了棚盖。

我要一滴水，他们给了我所有。但我只要一滴水，而且只要那一滴。为寻找那一滴，我呛了一肚子水。

我要一根针，他们给了我所有。但我只要一根针，而且只要那一根。为在那些针中寻找，我满手是血。

我想带上那滴水穿过那针眼……

我要一个女人，他们许我一座后宫……我只要那个女人，他们把我赶回茅草棚。

我只打个盹，他们送来棺材；当我想长睡不醒，他们却整夜不关灯。

2010 年 1 月

霜降节气

几乎是晴热难耐的一天。十余只土生土长的鸟雀的尸体被陆续发现。它们撞墙而死，但不是自杀。

也并非因为热。只因这城里亮闪闪、戗眼睛的玻璃墙越来越多的缘故。

这同一天，城外不远，约 200 只红嘴鸥的先遣队悄然飞临滇池，正在欢快地捕捉小鱼。

2007 年 10 月 24 日

周扒皮

周扒皮其实远比他的那些长工累。至少他起得比他们早，还老是弄得自己一身鸡毛和鸡屎臭。

换角度说，周扒皮还是注重管理艺术的。至少他没舞皮鞭，没设水牢。他不是黄世仁也不是南霸天。不过也因此更累。

亲爱的，你希望我是你的周扒皮，还是你的长工？

2007 年 9 月

单独训话

“你保守得令人讨厌，不，是可怜——可怜你！你这么年轻怎么就变成这个样子——那这个世界怎么办嘛！”

鹦鹉不说话，低着头。

2007 年 9 月

这些年

坐在冬樱树下，我闭目养神，忽听得旁人说我在假睡。我本来就没睡，我只是养养神。换种说法，我一直醒着——反正我没睡，我只是闭上了眼睛。

这些年，眼睛太累。

忽记起那《盲人之歌》里说的："现在我要戳瞎双眼，开始真正的绘画。"而我不是画家。至多，我只想等叶子掉光，那时冬樱花就开了。

2007 年 9 月 13 日

我希望

“他和善得像一个神父。”（神父真是和善的吗？）

难道不能和善得像一头大象？

“他快乐得像一个国王。”（国王真是快乐的吗？）

难道不能快乐得像一只蚂蚁？

随便你们，我希望他像一头大象一样和善，像一只蚂蚁一样快乐。

2007 年 7 月 4 日

我心里清楚

一觉醒来，地球不见了，我们大家都飘浮在太空中。但你不在。你也不见了。

“必须去寻找地球！”

“对，必须去寻找！”我表示同意，“无论发生了什么，以及还要发生些什么。”

我心里清楚：唯有寻找你，于我而言寻找失落的地球这桩事情才有意义。

2006 年 10 月

一只蚊子

一只蚊子一直在嗡嗡叫，同时撩我的脸和胳膊。迷糊中我一次次挥动巴掌，结果先是打痛了自己的脸，接着又打麻了自己的胳膊。

我也伸手去抓它。抓不着。又奋力合掌去拍它，也拍不着。

如果我翻起身，开灯，我知道左右上下都将寻不着这虫儿，而且也将听不见嗡嗡声，而我自己将睡意全无。

2006 年 10 月 15 日

核　桃

从来不喜欢那些皮球和乒乓球，皮薄、滑溜，腹中空空，上蹿下跳。

喜欢像核桃这般的：看似也轻巧，却显厚朴，更主要的是其皮下有肉，壳内有脑。

2006 年 9 月 3 日

憨　笑

“会好吗？”电话那头在说，“为这个事情我惶惶不可终日……”

“刚才还在打听呢，请老兄耐心等待！”我说。这时，“嘿嘿——”那头发出响亮的憨笑声。

“你笑哪样？”我警惕且不高兴地问。这一笑，让我也有点惶惶然。

挂了电话，挠挠额头，我听见自己也开始“嘿嘿”地憨笑。

这个世界会好吗？

2006 年 4 月

略感焦虑

报纸广告、电视联播、墙上标语、街头路牌，它们让人目不暇接、眼花缭乱——那上面谁是你？

你说你已经花了好多钱，可眼花缭乱中我辨不出你，嘈杂喧嚣中也听不见你……

2005 年 10 月 3 日

有　感

你登上峰巅，你赢了，但我们瞧见你一无所获：头上是虚空，四周是稀薄少氧的空气。

接着你摔倒，滑下来，落回这平地，回到我们中间：看似输了，其实你一无所失。

2005 年 4 月

一个声音在问

“你靠什么活着呢？”黑夜里，静寂中，有一个声音突然在轻声问。我明白它问的不是一日三餐，也不是利禄功名这类。

我也明白它问的不是我。它只是在问属于我身体或精神的某个部分，要么恰恰是这“某个部分”在自言自语地问自己。

不过，即使问的不是我我也想听。不让听我也会偷听。

2005 年 3 月

在一棵树下过夜

我攀龙门、上天台，气喘吁吁，有一瞬间甚至想呕吐。自己是不是太虚弱了？我决定歇下来，就在树林里过夜。

这是一片平缓、开阔的地方，时疏时密的松林空地上有一片白色的石头像羊群，换个角度看又像莲花。那石缝里的草本开着或黄或白的小花。

暮色苍茫。我疲乏不堪地倚靠着树干，随之在树脚躺倒。这是一棵茂盛、遒劲的青松。我不担心松球会冷不丁砸我的头，也不怕黏糊的松脂粘我的头发。还有，我一直喜欢松花粉的清香。

报上说，那飞扬的花粉储含着蛋白、糖类、脂类、维生素类、酶类、微量及常量元素、黄酮类等200多种活性物质。它们是松树的精子。

夜沉沉，夜气澄净。星宿就在我头顶，在那墨绿松针的缝隙中闪烁。阵阵风涛逡巡在不远处的山口，但永不挨近——忠诚的卫兵，为我奏着狂野的安眠曲。

任何一棵树都像一座宫殿。

我很晚才醒来，太阳高高升起在滇池上空。松针厚厚地捂着我，是风摘下的吗是风怕我着凉？随即我发现，这些厚厚的滑软的针叶不是墨绿色的，而是已经焦黄。仰头一望，只见枝柯间光秃秃，像被大火燎过，而我身边的树根也丑陋地裸露出来，变成了泥炭……

我在一棵郁郁葱葱的松树下过夜，一觉醒来，这棵树枯了。

2000 年 10 月

笑

我有些寂寞，所以要笑；

我有些烦恼，所以要笑；

我有些想法，所以要笑……

2000 年 9 月

火车，23 岁时的梦（三章）

买　票

我不能老待在家里，什么事也不做。我来到火车站，把一张面额很大的纸币递进窗洞。

那里面是一张圆圆的稚气小脸，脖子上绑着红领巾。我很惊讶："这么小就出来勤工俭学？"她似乎没听到我说什么，只是嘟着小嘴，严肃地说："叔叔，你的钱不够！"

我笑着又递钱进去。这时，发现售票员换人了——

不，好像还是那个女孩，只是已经长大成人——我现在面对的是一张娇艳的瓜子脸，她妩媚的眼波里我照见自己惊诧又兴奋的样子。我的双手和头都情不自禁地往洞里蹭。

她声音很软，有点嗲："伙子，钱不够！"

我迅速抓出一大把钱，数都不数又递进去——距我两尺远的地方，这时变成了一位中年妇人。我心头有些懊恼，不过也觉得她的头发很漂亮，像甜美的夜色。

她抬头看看我："噢，是你。"然后低头数钱。

"唉，不够。"她微微笑，客气地说。

我不好发火，只好乖乖地再度拉开皮夹。这回，接钱的是几根枯瘦如柴的手指。我倒吸一口冷气，定睛一瞧，只见一位脸上刻满沟壑还蒙着蛛网的老奶奶，她龇着没几颗牙的嘴，但温和慈祥。她说："孩子，你的钱不够！"

"我已经给过好几次钱了。"我大声地申辩。而她只是慈祥地笑着，轻晃着头："不够！"

……

我沮丧，并因此想疯狂。我把兜里全部财产都掏出来塞进窗洞，动作因愤怒而显得有些夸张。而那窗洞里，除了昏暗，已经什么也看不见。只是，里面仍旧传出那个声音：“不够！不够！”

我精疲力竭，无助地扭头四顾。这时我看见自己身后还有很多排队的人。

我走出售票厅，发现购票的队伍像蛇，蠕动着，蜿蜒着，长得见不到尾。

突然想起：为什么售票员只反复说钱不够，却自始至终不曾问我要去哪里，而我自己居然也忘了说——而现在我也真记不起来了。

是啊，我要到哪里？

车　站

我跑上楼，把自己所有的钱都翻出来，从父母那儿换得一张火车票。家离车站不远，至多十分钟路程。还早，决定再和家人说说话。

父亲说：不要落人后。我说：嗯。

母亲说：如果那地方不好，就回来。我说：嗯。

跨出家门，穿过花花绿绿的街灯，来到南窑火车站，却发现这里空荡荡的，没了火车站的影子？我慌了，急得陀螺似的乱转。人们告诉我，车站已迁至郊外了，具体在什么地方，也说不清楚——可能在关上，也难说在嵩明……

我把票撕了，可我不好意思回家。

从此，我开始在这座城市浪荡。

从此，我再没有离开过这座城市——我躲藏、游晃、挣扎在家门外的任何地方。

从此，我再没有回过家。像蚂蚁像飞虫，我默无声息地充实地生活着：酗酒、恋爱、发呆、唱歌、赌博、生病、哭泣……

一张火车票

我收到一张火车票。真高兴呀，正想上什么地方走走。可谁这么懂我的心思呢？

信封右下角没留地址，也没有署名。我把这张无名氏寄来的票拿出来，放在手里仔细掂量：新崭崭的，除了那熟悉的火车站的图案，还印着几行稀奇古怪的文字，像甲骨文，又有些类似阿拉伯文字——难道是让我乘火车到巴格达不成？

我骑着破自行车兴冲冲来到车站，询问此票能把我带往何处、何时出发？接过票的人对它左看右看，又认真地瞟瞟我，然后递回来：“你到售票窗口问去。”

售票员也是拿着票左看右看，又盯着我看，然后和蔼地笑笑，说：“你直接到检票口问问，好不好？”

我穿过候车大厅，来到检票口。检票员不露表情，只是像机器人般一字一字地说：“这——张——票——

我——不——能——剪。”

“票有问题？”

“这倒不是，只是你应该乘坐的绝对不是今天这一趟。”

好些日子过去，这张票如今还放抽屉里，还是新崭崭的。总有一天，我想我会弄明白的，要么车站的人会通知我的，譬如：时间——明晨8点，目的地——你自己想去的任何地方！

不，难说那是一个人人都不愿去的地方，但你不得不去。

2000年9月12日（中秋）据旧笔记改写

挖

从早至晚他们一直在挖。我踩着泥水，绕过泥堆，略显狼狈地跨进家门。嗯，在挖啥宝贝——可能埋得很深？临近午夜，电镐还在欢快地轰鸣。

关门，开窗。我站楼上，屋里，手捏酒杯，心头嘀咕：快出土的，难说是古滇国的青铜，要么船房村前几年那桩凶案的罪证？

雨声淅沥，灯影朦胧。“噗”一声，像放屁，电镐戛然停歇。瞧那是什么——没等我瞧清楚，接下来只见一坨黑影被放进了深坑。他们轻手轻脚，像在举行一场葬礼。

可那到底是什么东西——一架机器、一只铁盒、一截钢管？总不会是酒桶或钱罐吧。这年头还有啥值得埋藏？总之我大失所望。

锄铲喧哗。那里很快被抹平。

2000 年 6 月 18 日

寻 找

寻找一种东西，它最好似光，温暖地穿透一切，同时能坚定地吸纳更多的光。

同时它最好有笑声，也应该有泪水；值得我们为它哭，也值得我们为它笑。

2000 年 5 月 9 日

青　春

我怅然、小心地装裱，把它挂墙上。它破框而出。我追过去，捉住它，然后一脚将它踹出屋门。

2000 年 4 月

锈　斑

我随手拉一个卧室里的抽屉，发现拉不动，应该是锁着的。我大声问这抽屉里有什么？这才发现屋里没有别人。

该不该知道抽屉中的秘密呢？我在想。她很晚才回来。我平静地问抽屉为什么是锁着的。

我怎么知道，我还想问你呢？

我又使劲拽了拽那银灰色的拉柄，随即发现只要稍稍往右偏并轻抬一点点，就可将其顺利拉出。抽屉并没有被锁住，而是那滑轨开始生锈了。

抽屉里空空如也。除了淡淡薄薄的一层灰，什么都没有。一根针、一丝头发都没有。

而且，可能是被我用力拽的缘故，这可恶的抽屉又怎么也推不回去。

2000 年 2 月

流星雨之夜

“乒”，他朝自己头顶上开枪，可是他没有打下瞄准的那只野鸭，或者任何一只野鸭。他的子弹击中了一盏路灯。碎玻璃落下来，听那声音，像落下一大把钱。

高高的天上，野鸭的队伍像一条牧绳鞭打云朵的羊。又像一条水蛇在河床中奇怪地摆尾。他的心也摇摆不定，因为他打不下一只野鸭。他沮丧地转回屋里写道：“我无法像野鸭一样地飞。”刚写下第一句，电话响了。

“没有，我来不及开枪。”他说。他心虚因为他在说谎。

“可，可是——现在——天已经黑了。”他显得为难地对着电话说。

他跑上阳台。举起枪。他先是眯起左眼，很快又眯起右眼。

“乒——”

还是沉不住气，草率地又开了一枪。没有野鸭，或者说他还是没有打中它们。但是碎片又哗啦地落下来，那声音像落下大把的钱。

他击中了一架F－11A，就是在巴尔干半岛上乱飞的那种。

他沮丧得很。他又开始写：“我无法像野鸭一样地飞。”电话又响了。

他不得不笨拙地爬上屋顶。他举起枪，先是眯起左眼，随后又眯起右眼。然后又眯起左眼，再眯起右眼，如此不断地反复操练。这次他格外小心，他在屋子里已预先把子弹卸下来扔进抽屉里。

现在他含笑扣动了扳机。

没有“乒”的声音。但很快，银光闪闪的碎片还是哗啦啦地落下来。他赶紧闭眼。他不敢看。他想：

我又打下什么了，难道是月亮？

“不是我干的！”他大喊。

他的叫声惊醒了我们。我们光着屁股跑上阳台，手指攥着防盗窗，像孤岛上的囚徒发现了祖国的军舰——我们看见了银蛇漫天的流星雨。我们多高兴啊，市长，或者情人，也从未让我们这样半夜醒来、这样开心过。

我们看到了流星雨。

1999 年

杯弓蛇影

画蛇添足——这难道不是完美主义者的典型做派？而蛇会自己往火坑里跳吗？还有，它一定是以吞食自己——从尾巴开始——的方式自杀吗？

唉，有时候我的心情会丑得不可收拾。

1999 年

会议室

他们滔滔不绝。挥着手，吐着唾沫。争吵，辩论。烟头满地。也有人垂着头，似在读文件，也可能想掩饰什么。

白昼每天在这里展开。

我发现我拿错了记录簿——那是我家幼儿园小朋友的美术画本：风中的片片树叶张着嘴唱歌，一条小河弯弯曲曲地流淌——不过，没有流向我们的城市，而是曲曲弯弯地流往远处的山里……

有人嘀咕天气。我乘机站起来一扇接一扇地推开窗。但是没有风。

有人闭着眼睛说话。我乘机睁着眼睛睡着了，不过不敢发出水一样的鼾声。

1999 年

正人君子

街上某些衣着华丽的人其实无家可归，譬如柳下惠。

飕飕晚风不断地让他改变闲荡的方向。这样，命中注定，柳公子远远瞟见了那个女子。她坐在街边，好像在等人。街头已见不到几个人影。

他来到她身边，看着她，叹一声：“唉，我也累得不想回家啦。”每一个男人见了女人都会说漂亮话，譬如柳下惠。

她显得忧郁、苍白，却掩不住某种媚艳——像用冰雕出来的一条花蛇。而命中注定柳下惠要担心这条蛇会被冻伤。是啊，她身上那脏污的雪裙，确实已褴褛得不成样，一碰就一片片地落叶子。

她会受冻的，会被冻伤的！柳下惠坐下来，一把拉住她的手，又抚摸她的脸，像抹一面镜子。他照见自己依旧心地纯洁、品质高尚。

寒风像刀子。他开始搂她。她并非骨瘦如柴。他逗她说话——

猫爱吃什么？

她答：鼠。

错了，是鱼。

她申辩：可是它应该去吃老鼠！

蛇才吃老鼠。

夜深了，他把她搂紧，并且裹进自己的衣袍中。

风停了，起露水了。天很快要亮开。

"出来，快出来！"

晨光中人们开始在马路上聚拢，又在市场上散开。车水马龙，人不断地消失在人群中，没有谁更多地注意到他，还在街边打坐的柳下惠——在别人眼里，他只是孤零一人，谁也不知道柳公子内心的惊惶。

他对着自己叫起来："出来，赶紧离开！"

别人会认为我是她的情夫吗？要么她难说还是个

通缉犯呢？我会犯下包庇罪吗？她是谁？他不知道，在别人眼里，只有正人君子柳下惠，根本不曾看见还有一个什么女人和他裹绞在一起。

他听见自己骨头里有虫子般的蠕动。她在搞什么鬼？不得已，他把手伸进衣袍，决定把她拽出来——手里空空如也。他心里一惊，难道是一个梦？不，她明明就在自己怀中。

他在自己身上疯狂地倒腾，可最终还是无法揪住她然后拽出来。他知道她就藏身在自己衣袍内，至多窜进了他的骨髓或血管中。

……每一个男人都有臭袜子，譬如柳下惠。这不，他窝藏了一个女子，可他自己却找不到她。

1999 年 5 月 17 日

外星人

我家里住着两个人，一个是外星人，另一个也是外星人。

他们隐身在我的墙上，从不在我面前显形。他们在我的房间里制造秘密。

据说，夜深人静，不要开灯，这些外星生物就会从墙壁上现形，然后在天花板上跳舞。不过我没办法亲睹他们是什么样子：一头狮子一朵花，或是蝴蝶、鼠；或就是一堆泡沫，或一种电磁波。

只是确实听到有声音在我屋子里喧哗，像在演电影。

虽然我听不懂那些声音，但我认为他们中的一个来自火星，另一个尚不清楚。

……

墙上有眼睛，这让我不好受。好像他们是房东，而我是外星人似的；好像在我之前，他们就居住在这房子里似的。

我把这一切对邻居说了。他说：哎呀，我家里也住着外星人，但不知道有几个。他又把这一切对他的朋友说了。他朋友说，哎呀，我家里也住着外星人。为捉他们，他把墙都挖坏了。

这个年头，每间屋子里都住着外星人。

难说哪一天一觉醒来，我自己也会变成一头狮子或一朵花，或蝴蝶或鼠；或就是一堆泡沫，或一种电磁波。

或者，我自己存在着，却将认不出自己；要么知道自己存在着却找不到自己——刚才，我就听见我自己在祥林嫂似的喃喃自语：“真难说，人类那种生物说不准还是我们的祖先呢。”

1999 年 5 月 8 日

你是在叫我吗

窗外有谁在叫我？我屏息静听。嗯，我听错了——午夜，墙根，一只蟋蟀在低语：“你是在叫我吗？”

它一定是在问另一只蟋蟀。它绝不会问我。我跟它们没有往来。虽然一墙之隔，可我从未踏入过它们的国境。

我深深吸口气，然后蹑手蹑脚上床。

1999 年 5 月 5 日

我自己来

本品不含防腐剂……穿什么就变成什么的那女孩儿长胖了。我说："我自己来。"

开封后……她说。旁边是"长红专柜"，上周侃"公厕革命"的那位主持人正在考官似的发问："把一个男性的睾丸移植到另一名男性身上，如果接受移植者生育，那么，出生的孩子属于谁？"他问谁？

我说："我自己来，让我自己挑选。"

请尽早食用，以保持香脆……她还在背书。我瞧见窗外那棵梧桐非常茂盛，绿得发黑，像用药物养着的。

我对她说："我会要，但我自己来。"

1999 年 5 月

飞 翔

她决定把他赶到树上。这座城里树不多了。找到一棵大体合适的树，这花了她不少精力和很多钱。

安顿完毕。她看看表：时间不早，得去赶 62 路车。这时，树脂流下来，凝住了她的裙子。她仰头唤他：“帮帮我。”

她发现，除了几片稀疏的叶子，树上空荡无人。她感到奇怪，她伤心地摘下一片叶子，然后决定报警。

这时，她又发现手中的叶子是假的，是塑料的。

1999 年 4 月

在她眼睛里建座城

他在她的眼睛里建一座城。“那里有属于我自己的土地。”他说。接下来他换了承建商。“骗不了我的。”他说：“推倒，重来！”

他熟悉这事情的每一个部分。

河流枯了，从风暴中收集雨水来搅拌砂子和灰浆；森林消失了，掘地千丈用那些夹带着矿石的树根做柱椽。

他又换了一家承建商。“骗不了我的。”他熟悉这事情的每一个部分。“推倒，重来！”

他不得不考虑亲自动手。因为他甚至怀疑她是否暗地里拿了那些工头的回扣，但他立即打消了这种不愉快的想法。

他事必躬亲。

钢铁锈化了？那就飞月亮上去采来钢铁；塑材腐烂了？那就从火星上运来塑材。

最终，他不得不尽可能地利用手边的材料：她的手指，她的牙齿，她的鼻翼，她的耳朵，她的双乳，她的子宫，最后，是她眼边浸油的睫毛……

他在她的眼睛里建一座城。至今，一轮复一轮，这座城还在返工重建。

1999 年 4 月 19 日

我抓不住那笑声

我听见那笑声。

它通过水传来，因为我看见大街上一片汪洋游满了鱼群；它通过石头传来，因为我看见十字街心那座大雕塑冒出树枝状的裂纹。

我挤入鱼群，我想穿过水。我发现我其实很想成为一条鱼，但我变不成鱼，也无法穿过水。

我不得不靠近雕塑，我打算钻过它的缝罅——我的影子即刻变成了它的又一条裂纹。仅此而已，我的影子不走，我也没法走。

我束手无策，抓不住那笑声。

1999 年 4 月 17 日

钥 匙

一个年轻、美貌的女子塞给我一把钥匙，要我代她保管。她担心她自己会将它丢失。她没说她是谁，住哪里。要么她说过，是我忘了。那已经是很多年前。

我记得，那晚我糊了一个火柴匣般的纸盒，开心地将钥匙藏入其中，保存在床头柜里。

随后我接到她的信："帮我保管好，难说哪一天我会进不了家门的。"我知道是她的信，虽然没有地址没有署名。

我请剑川木匠做了一个精美的花楸木箱子，将藏匿钥匙的小纸盒庄重地移入其中，保存在静如坟地的卧室，而我睡到了客房里。

随后我接到过一份电报："帮我保管好，难说哪一天我会进不了家门的。"没有地址，没有署名。

后来，我从一家上海保险器材公司那里订购了最好的保险柜，将藏匿钥匙的木箱谨慎地迁入其中——它保存在我无人拜访的 30 平方米的私寓中，而我自己下楼到院门值班室做了门卫……

随后我的传呼机上有过一行留言：“帮我保管好，难说哪一天我会进不了家门的。”没有地址，没有署名。

后来又后来，提心吊胆、疲倦不堪的我终于又买下了整个院子，包括楼房周围的草地，还有草地四围的高高的篱墙——继续让它们悄然、神秘地护住一个秘密。

而我自己裹着旧报纸，心神不宁地睡到了宅院外的大街上。

……

就这样，等待了好多年，探问了好多年，好多年又好多年，如今我已经成为一个老头了。就在盘算着该花多少才能够买得下这整座城市的时候，今早我收到这样一封 email：

“帮我保管好，难说哪一天我会进不了家门的。”

没有地址，没有署名……

1999 年 3 月 11 日

蝶花梦

那只蝴蝶梦见我把她当成一朵花，于是她悄悄地伪装成一朵花，栖在那带露的草尖，一颤一颤的。

当我伸出手去，却猛然明白她就只是一只蝴蝶。

我为什么要捉一只蝴蝶？我需要一只蝴蝶吗？这样想着，我缩回手来。

1998 年

你到海埂去干什么

我从海埂回城来。我敞开车窗，让夜风都进来。我喝了些酒，风大些，这样人容易清醒。

但感觉冷。我把车速压低。压得很低。夜已深，车灯显得苍黄无力。我打开大灯，夜蛾在灯柱里甜蜜地乱窜。我看见前面两个骑自行车的人。

一对中年情侣，那模样像是工人，难说就是，难说还是下岗工人。他们手拉着手，骑行在路中间。我没有鸣笛，只是再落慢车速。而他们也不惊慌，只是鱼一样稍稍游靠路边，双双地显得从容、优雅。不看我，也不停下，仍是手拉手，仍是朝前……

有什么东西，在心里轻轻一颤。

几天后我将感受告诉别人。对方一小阵子沉默，然后问：你到海埂去干什么？

1998 年 1 月

空 桶

我回来等一个朋友。在小区院子里我看见一个不认识的人，像七个小矮人中的谁，又黑又小，有些脸熟。不过我确实不认识他。

他不是我的朋友。他正在费力地用石块敲打一只铁桶，咚、咚、咚——我知道那里面什么也没有。他想干什么：当鼓玩呢，还是想把它敲扁之后送到废旧金属回收站换酒钱？

他可不是孩子了，而那是一只空桶。

我懒得问什么。我进屋来等候。我等的人不是白雪公主，可我需要我等的人来。我等得百无聊赖，便拨电话找另一个人，想和他聊聊。那头说："唔，你是？"我说我是他的朋友。

"咦，他的朋友……你是？"

"哦——，"我羞愧地迅速挂断电话。一周后我将知道，那天他刚刚被开了追思会。

透过密封的窗玻璃，我看见那小矮人还在敲打。他可不是孩子了，可他显得那么好玩。我等的人老不来。而那只是一只空桶。

1994 年 5 月 2 日

一支恋歌

谁的手伪装成那树枝，谁的眼睛变作那树叶？谁的脐带是树根，谁的红唇是秋实……

还有，那团浓浓的树荫是谁的沉默，吸引我，使我也陷入沉默？

1994 年 2 月 28 日

小镇黄昏

门槛上削洋芋的妇人削破了手，为父亲打酒的孩子醉倒在街头，玩蛇的独臂人收摊了，收土产的外省人被缉毒队带走，那个没考上学的姑娘追着一辆货车喊：

“等等我——”

1993 年 9 月 5 日

圆西路

我年轻过的地方。我曾常常醉倒在它的小酒馆，朋友们为我付账。

我年轻过的地方我再也回不去——那里有许多姑娘，都比我的诗漂亮。

我年轻过的地方，而今比死亡远。

1993 年 8 月 31 日

泪与笑

邻桌那姑娘长得漂亮，像电影里的谁？她那边觥筹交错，一片喧哗。

只见她同桌的那些男士用不知是哪个省的方言，唾液缤纷、众星捧月地朝向她。她也笑意吟吟，毫不矜持地举杯畅饮。

我上洗手间出来，猛然遇到这位女明星低头滞步在走廊转角处——她在哭泣，声音很轻。

为什么哭？乐极生悲，还是心中有痛？

我坐回餐厅，过了一阵姑娘也返来坐回自己的位置上，而她竟然没显露出一丝忧伤，脸上没有泪痕，又仍如先前，举着杯子豪迈地撞向那些笑眯眯迎过来的杯子……

美丽的人儿，你来自哪里是做什么的？与那帮人在一块，是分享欢笑呢还是陪笑……我辨不清楚。

1992 年 11 月

城　市

当我路过，它诱掳了我。

当我心生别恋，梦往另一座更大的新城，它却给我自由外加盘缠。

1992 年 6 月 17 日

一只蜂子

我要午睡。可是屋外有一只蜂子，不知疲累地一次次用它小小身躯撞击窗纱。

我开窗，它倏地飞进来。我立马又将窗子关紧：请进，讨厌的虫儿！哼，让你有来无回！

哧——只听见耳畔一阵嘶鸣，手持蝇拍的我却左右上下寻不见骚扰者的踪影。

蹑手蹑脚地搜捕，发现这只黄色的蜂子正静悄悄伏身在墙壁上，那里贴着一幅风景画：一片绿野，有摇曳的花丛。

我举起武器，心头却开始犹豫。这时它又嗡地飞起——好狡猾——不过，细声尖嘶的它只是转了一小圈，旋即再度扑回那片虚假的油彩……

瞧着这可怜小浪儿一次次地徒劳，我叹口气，放下蝇拍，将窗子打开。

1992 年 6 月 11 日

猫

蹲在阳台上的猫，爱偷吃假耗子药的猫，被耗子关在门洞外的猫。威风凛凛的猫。

被猫排挤的猫，猫着腰的猫。

用牛奶漱口的猫，用鱼骨剔牙的猫。与玩具猫争宠的猫。说谜语的猫，哼不三不四小调的猫。

有猫的烦恼有猫的福分的猫，有猫的狡黠有猫的憨实的猫。老和自己过不去的猫。

雾中潜伏的猫，也可能是在午睡的猫。

有甜美隐私的猫，想抓住自己梦想的猫。只能有猫的归宿的猫。

1992年2月

请　求

让我独自等待，或者倾听。

等待那不能与你一起等的，倾听那不可与你一起听的。

让我安静或孤独，宛如猎人笼中的雏兽，或似夜光杯中的冷酒……或许这样我才可能更爱这世界一些，也更爱你一些。

否则我不明白，我的心，为什么总是摇摆不定？

1991 年

失眠症患者

他们在梦中死去，而我醒着，为了拂晓早动身。

1991 年 10 月 11 日

风之歌

风隐藏在春天的脐部，也隐藏在瓷器和茶中，我一伸手便陷入黑夜，一张口就成为猎物。

1991 年 5 月

谜　面

以悲伤开始，喜欢穿花短裤、吃水果从不削皮的是男人。

以悲伤结束，不喜欢穿花短裤的男人、削水果老是削破手指的是隔壁的女人。

1991 年 4 月

门

我是不会轻易去敲一扇门的，诚如我也不想轻易为别人打开一扇门。因为我明白我是轻易敲不开一扇门的，诚如我至今也未能跨出某扇门。

我是不敢轻易跨入能轻易敲开的任何一扇门的。

1990 年

树

离窗很近的树，离我很近。树上的鸟离我很远。

雷霆劈断树的地方，树长成森林；诗人赞颂树的地方，见不到一棵树。

1990 年 7 月

永恒的杉树

鹤立于那些芸芸草、石之中的是一棵杉树，在它绿塔状的造型之上，是流云或鹰，以及锯齿形的闪电。而杉树自己是异常平和的，有一种近乎庄严的静穆，或者说是冷漠。

无论那狂躁的风多么猛烈，亦无法煽动起杉树激亢的涛声；无论那柔媚的秋光多么诱人，也不可能使它在融融金黄中沉醉。

那暗暗的绿，是生命的盔甲。

我仍清晰记得：那树皮其实是有趣的素描，隐隐的，可以用来譬喻某种历程或某夜的漫漶无端的呓语。还有，那纷披的叶子，在寥旷中有一种哲学的威力。

杉树的冠顶，总令我顿生悸慕，那是某种宗教的峰尖吧！我说不清。但这必定是与乡土、自然相联系的某种神秘而坚强的教仪。

杉树本身就是自足而坚强的。在风霜雨雪中，在雷霆电光之下，它创造了一个塔状的空间来表现斗争、表达生命，并以此来证明自己所追逐的完美。

我见过一套杉木家具，有暗香隐隐——是一种死不瞑目的努力吧：它的存在，它的独立。

杉树，古老乡土上这塔状的哲学，仍在庄严又倨傲地生存着。一直，它令我惦念并且不安。

杉树是永恒的。

1989 年初

生活可能是美好的

生活可能是美好的。

为节省一根火柴，我们改用充气式火机，为表白古老的爱情，我们翻出最流行的杂志；一生中的某些时候总会渴望点什么，婚礼或艳遇，幸福或亡灵。

总会记得起一些旧事，总会突然听懂某首歌词；总会喝得上几次好酒，总会烦一些人爱一些人烦自己爱自己。

早晨我绕过东风路广场，傍晚我又绕回东风路广场，似乎一切都不会发生，似乎一切都早有安排。一张奖券会扭转某人的命运，两张电影票或许又点燃 60 岁的欲望。

假如公园里的梧桐还没有掉光叶子，就该在树下坐坐：看雪飘在假山上，看花开在裙子上。

生活可能是美好的，人寿保险可能是最佳选择。

渴望大海，就在屋里养一缸金鱼；怀念天空，就乘电梯升到楼顶。黄昏逼来可钻进雀巢一杯一杯地抵抗空白，或干脆用夜班夜大之类的理由坦然地逃避黄昏。斑马线为我们谱写了自由，在人群中你可以独自握紧你自己的手，微笑着朝自己点头。

生活可能是美好的。

1988 年

那片草里

……欢乐，激情；惆怅，虚幻。无尽的欲望，无边的虚幻——自行车钥匙又丢了。这回是在翠湖，那片草里。怎么也找不到，那小片金属，可能投胎成一棵草了。只得砸锁，砸自己的。像小偷，偷自己的。

1988 年

怀念一把吉他之夜

疯狂岁月的男人都是我的兄弟，他们在青春的浩劫中失散了。

饥饿年代的姐妹都是我的情人，她们在奢华的嫁妆里远去了。

1988 年 8 月

乡 愁

那是一片麦穗的声音，也是一条大河的语言。

或一弯白月亮，或一缕峡谷炊烟。

那也是一种树的名字——大青树，它的叶子它的阴凉，比这省城的天空开得更蓝。

1986 年 5 月

绿　洲

一只鸟，嘴里衔一粒草籽，飞行在茫茫沙漠上空。它终于筋疲力尽，一头栽下葬身沙海。而那粒种子奇迹般开始在它小小躯骸中萌芽。

后来，沙漠变成了一片绿洲……

1983 年 1 月

萝　卜

为招蜂引蝶而开出春花时，心就开始空了。

1981 年

后 记

一

读大一时，教写作课的乔传藻老师将我一则几十字的短文推荐给省写作学会的会刊《学写作》发表。数年后，邹岳汉先生主编的《散文诗》杂志发起全国首届会龙散文诗大赛，我投稿的一篇习作获了佳作奖或什么的。与散文诗这一文体自此结缘。

随后十几年间，时断时续地练习，写的都是“豆腐块”，数量不多，满意的更少，只是有幸得到很多优秀前辈和老师的悉心指点和鼓励，拢共有一两百篇见刊于包括《散文诗》《星星》《诗刊》《美文》《绿风》《散文诗报》等在内的大小报刊，有的被《散文选刊》《散文海外版》《青年博览》等文摘类杂志转载，有的收入《新中国50年诗选》《散文诗精选》《散文诗创作与欣赏》等书籍。

1996年11月，我的第一个散文诗习作选集《我是我从未遇到的人》出版，为集子作序的耿林莽先生在翌年初的来信中说："散文诗的希望在于拓开路子……期望你不要丢下，趁热打铁。你现在的工作或许与之不很协调，但我真诚期望你能克服一些阻力，坚持将散文诗写下去，这个文体需要一批认真的耕耘者为之辛劳……再往后或许是思想与生活、视野与胸怀的开阔……"

愧疚的是，我却变得怠惰起来，交不出一点像样的作业。

进入新千年，三十五六岁之后，干脆停笔——我不想写什么了，准确地说是不想再花功夫和心思去写"达到发表标准"的任何文章，从此自然而然也就完全停止向报刊投稿，同时也自感无暇也无兴致参加各种相关的交流活动，这样也就渐渐少了、断了与包括散文诗在内的文圈的往来。这首先是愈发觉得自己缺乏专注写作的才干，其次是工作劳碌，再就是心境的变化。

“若你坚持写散文诗，我还会评的。”到了2013年秋，德高望重的耿林莽先生还在信中这样说。他不离不弃地给我打气，仍在点评推荐我的习作。他惋叹我的懒散、不勤奋。他总说你还是要写。

惶然不安，又倍感温暖。

除了恩师耿老，还有很多早年给我指点关心的前辈、老师、朋友，也仍在不时地鼓励我。大致因为这些，新千年后又过去的这十七八年间，我那些年轻时的旧习作，偶尔又会被翻出来，或晒在网络上的文学平台，或重刊于文学报刊，或收入散文诗选本如《中国散文诗90年（1918—2007）》《60年散文诗精选（新中国60年文学大系）》《流淌的声音：中国当代散文诗百家精品赏读》《中国散文诗百年经典》《中国散文诗百年大系》等。25岁那年的习作《卖柴人》，则被美国学者安敏轩（Nick Admussen）收译入他的《背诵与辞演：中国当代散文诗》（Recite and Refuse: Contemporary Chinese Prose Poetry），据称这是西方英文学术界第一本研究中国散文诗的文学类型学著作。

感恩这份散文诗缘的美好。

二

虽然前面说，三十五六岁之后，不再为争取发表（包括因此获酬获名）而写稿投稿，但在这之后，至今，在平时有限的业余闲暇，纯粹私人化的写作一直还是零星断续地保持着。这种习惯和爱好，现在想来终归是好的，因为它让人充实、安静、自在，让人学会反思或自我观照。诚如《琐事集》作者洛根·皮尔索尔·史密斯所说，“写作这门伟大的艺术是用语言使人们对自己真诚。”对自己真诚，讲得太好了。

《琐事集》的作者还说，与我们“真正有关系的毕竟是生活中的那些小事情”。而我零星断续地保持着的业余写作，写得最多的也还就是自己“生活中的那些小事情”。它们大都几十字、百来字，多涉日常家居、天光云影、树木花草、自然物候、市井世相，以及一些梦语般的沉吟。因为没有现实目的，没有现实压力，没有刻意要写什么以及要写成什么，所以写得随意，聊以自娱。

宽泛或宽容而言，这些小短文中的绝大部分，大抵还是可以充作散文诗习作。

关于散文诗，当数波德莱尔那段话最为著名，他称其“足以适应灵魂抒情性的动荡、梦幻的波动和意识的惊跳”。关于这一文体，最熟知的是王幅明先生的形象定义：“美丽的混血儿。”

作为散文诗练习者，我自己理论底子薄，缺乏对这一文体的理性思考。我只是觉得，散文诗就是不需要分行的诗。

最近这些日子，抽空将这十七八年来尤其近年来写的这些小短文做了一番挑捡和修改，选了110多章，想将它们汇拢一起，权做一份阶段性人生岁月的纪念。此外，还顺便收集了之前两个阶段的同类短章，一是学写作初期包括处女作在内的21章，二是朝后时值三十五六岁那前后的20章，最终形成了这个习作选集。其中图省事，目录编排按初稿写作时间由近及远倒序排列。

想起曾经有人问：作为普通、渺小的个体，一个人该是什么样子什么状态才算是正常的、好的？我当时回答：身心健康，热爱生活。

现在，付梓在即的这集子里的文字，也算是表达我自己对“身心健康，热爱生活”这八个字的理解。

2019年6月